现代建筑名家名作系列　**安瑞克·米拉利斯**　**呼斯加体育馆**

Enric Miralles

现代建筑名家名作系列

The Excellent Works of The Great Architects

安瑞克·米拉利斯

呼斯加体育馆

著文/摄影 方海

中国建筑工业出版社

Enric Miralles

安瑞克·米拉利斯的建筑哲学
——兼述呼斯加体育馆的建筑艺术

方海

20世纪末期的欧洲建筑舞台上，赫然出现一位才华横溢的建筑天才，这就是西班牙青年建筑师安瑞克·米拉利斯（Enric Miralles），人们普遍认为他极有可能开创一个能够被称之为“经典”的设计时代，因为他在40岁左右已经发展出自己完整的建筑理念，并开始成功地运用到工程项目中去。在同样的年龄，柯布西耶建造了萨伏伊别墅；密斯建造了巴塞罗那德国馆；赖特则建造了洛比（Robie House）住宅。这三位大师都在这以后大展宏图，将自己的设计理念逐一实现。然而不幸的是，米拉利斯于2000年突然死于脑溢血，留下数十个正在施工或刚刚中标的工程项目。人们惊叹这是1961年埃洛·沙里宁（Eero Saarinen）英年早逝之后世界建筑界遭遇的又一个重要损失。

另一位西班牙著名建筑师拉菲尔·莫耐尔（Rafael Moneo）认为，米拉利斯尽管只生活了45年，但在这短暂的丰富人生中，他却创造出近乎完美的作品，发展出令人振奋的设计理念。米拉利斯坚信，他的建筑将会帮助人们去建造一个更加自由更加美好的世界，并在他有生之年不遗余力地去实践他的信念。

米拉利斯1955年生于巴塞罗那，并在巴塞罗那建筑学院接受专业教育。自1973年起他开始与西班牙建筑师海利欧·皮农（Helio Pinón）和阿尔伯特·威帕拉纳（Albert Viaplana）合作，完成了许多设计竞赛和工程项目，并于1983年完成博士论文。1984年米拉利斯与西班牙女建筑师卡门·皮诺丝（Carme Pinós）合作成立建筑事务所并一道完成了许多重要项目。1990年与皮诺丝分手后，米拉利斯继续发展自己的建筑设计哲学，并于1993年与本尼迪特·塔格里布（Benedetta Tagliabue）合作建立设计事务所。米拉利斯思维敏捷，精力过人，工作中事必躬亲。他总是同时构思和运作好几个分布在不同地区和国家的工程项目，同时他又是欧美许多大学的全职和客座教授。但繁忙的工作并未影响其设计质量，正相反，这种种不同的工作使他更完善地丰富和发展自己的建筑哲学。

米拉利斯的设计理念首先来自对地域景观的理解和重视，并将其同形式语言的创造结合起来，其结果是一种独特而丰富的建筑语言。米拉利斯的建筑语言与每一个项目内容和基地环境密切相关，同时又充满一种“关联”的思想，即将人类的建造活动与地理和文化景观联系在一起。从表面上看，那些切片式的形状，汇合式的平台和重叠的块面似乎令人想起“解构主义”这种建筑时尚，但“解构主义”实际上不可能说明米拉利斯建筑的本质特点和意图，更不要说文化上的潜质。

Konica

巴塞罗那奥运广场附近的一处遮阳棚设计，1981 年

米拉利斯的多数项目都是通过建筑设计竞赛赢得的，形式的丰富是米拉利斯方案的显著特点之一，感觉摇摆的块面，浮动的水平线，层叠的剖面和弯曲的构件，以及随处可见的建筑与环境的关系等，都是米拉利斯的兴趣所在。屋顶的复杂轮廓将空间往往能延续到基地之外，坡道、桥、平台、走廊、楼梯、长凳、踏步、扶手等等构件都经米拉利斯专门诠释后直接与人们使用联系起来，但又经过戏剧化的处理，使其相互之间都有一种内在的穿透性。其结构，无论是混凝土，钢还是木料，都以一种充满活力的手法进行处理。实际上，一般意义上的“建筑”概念并不适用于米拉利斯的设计，因为他所追求的是雕塑、建筑、都市和景观设计之间的一种意义含糊的中间状态。

从上述手法出发，米拉利斯引出的空间理念是一种“社会景观”，其中文化实体、人的活动和自然被交融在一种相互依存的关系中。在英古拉达墓园，各部分墓地都渐渐融入大地；在阿利堪特体育中心，人们活动的节奏事先就已被曲线形交织的坡道和步行通道所指引；而在本文将详述的呼斯加体育馆，场馆与人流之间通过与大地附着的曲线坡道和层层平台达到一种天然的联系。这种“社会景观”的设计观念意味着一种强烈的现代主义人文传统，并与后现代主义的虚拟复兴和新理性主义的轴线规则相对应。同样，米拉利斯亦以设计实践来回复目前日益流行的“新现代主义”思潮。

在早期设计的两处遮阳棚中，米拉利斯以一种谦和的方式，将以后方案中将要发展的主题包含其中。他使用最普通的材料，最廉价的技术，将一种城市小广场设计得富于吸引力，不仅为行人提供了随意的休闲遮阴处，而且将四周的建筑有序地交织在一起。钢管支承的木板，其角度与太阳的常规射角相对应，同时也考虑基地的不规则的周边。

人们很快就发现米拉利斯的建筑艺术是一种有条不紊的演化过程，在那些小项目中出现的某些观念和手法，后来在大型项目中，如呼斯加体育馆和阿利堪特体育中心，都演化成飞翔的屋顶和悬挑的层叠平台，并在以后的许多工程中，都以不同的面目反复出现。实际上，米拉利斯方案图中迷宫式的复杂和丰富都是通过平面和剖面中为数并不多的几种构成元素的重复和组合来实现的。具体而言包括屋顶的漂浮、墙体的倾斜、内外空间的组织序列以及它们之间无穷尽的变化，所有这些都表明一种真止的个人风格的出现，这种风格集创造与连贯性于一身，同时注重每一个基本建筑元素，如踏步、坡道、地板、墙面、屋顶等，研究它们的个性及相互联系，在此基础上，将它们以不同的姿态融入每个工程项目之中。这些手法在很大程度上受益于柯布西耶。

位于巴塞罗那的拉劳那学校是米拉利斯的一个典型作

音加里露天构筑，
1990—1992年，巴塞
罗那

音加里露天构架

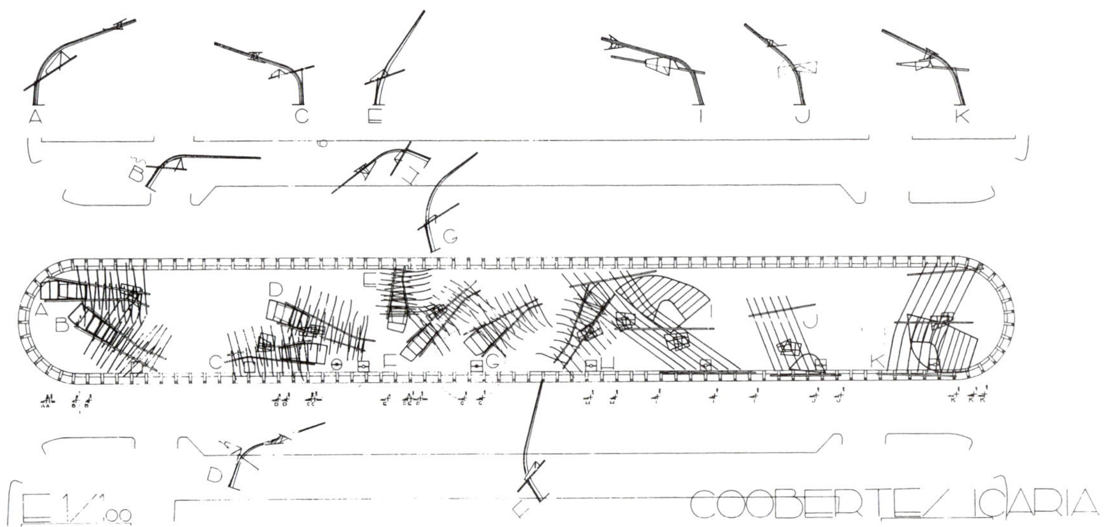

音加里露天构架设计，平面图

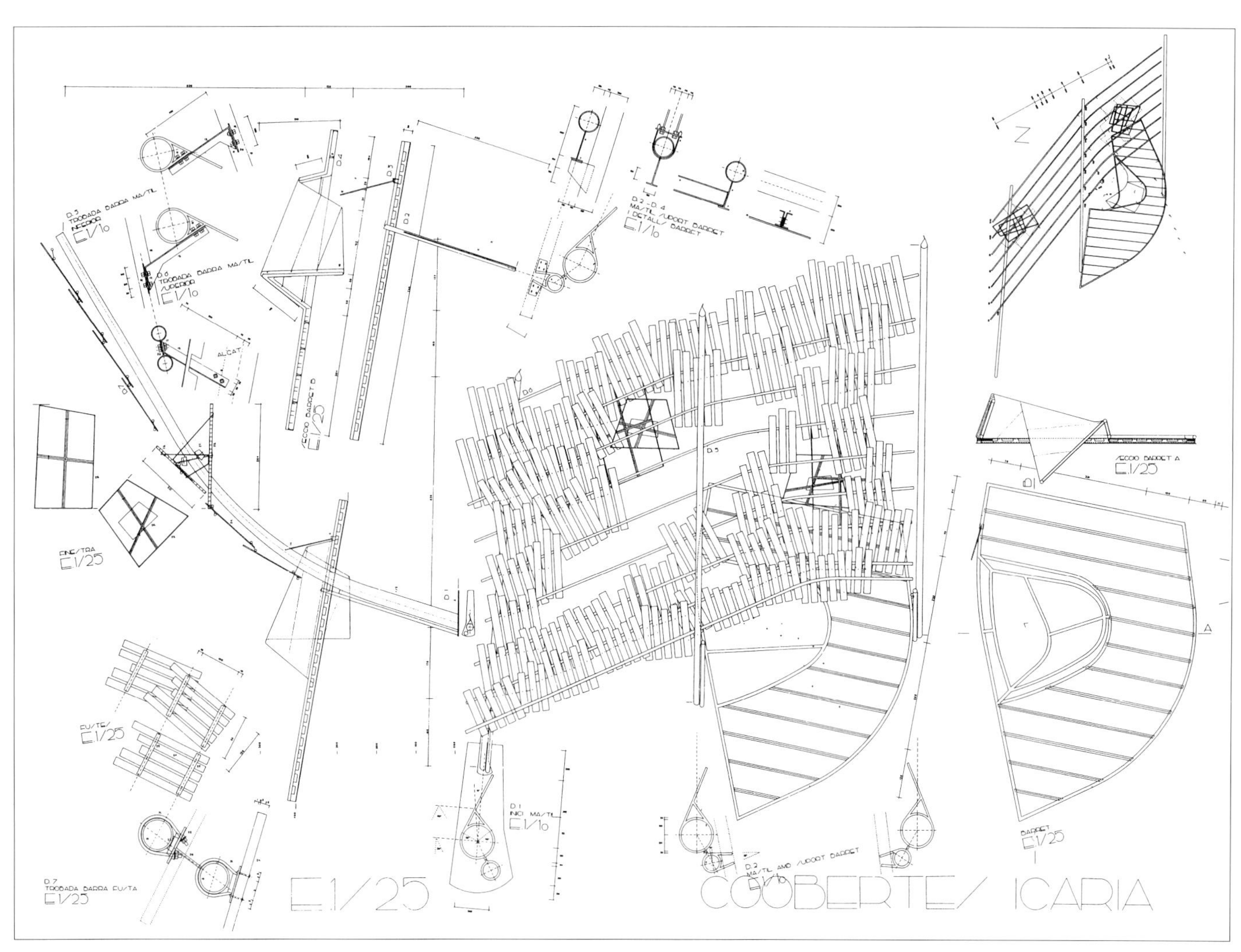

音加里露天构架设计，天棚及节点大样设计

品，其构思主题就是将一种新的实体插入已有的自然框架中，但这里的自然框架是由一种粗犷的工业环境笼罩的。在此，米拉利斯的方法是打开封闭的自然框架，引入一个学校所需要的环境主题，如穿透性、提示性及社会开放性，但同时又与已有的人文环境呼应与对话。室内空间在剖面上完全被贯通，以使自然光能照彻整个学校。而楼梯和坡道的交织使用则为不同层面之间提供活跃的视觉联系，意在塑造一种室内的都市景观。突出而半透明的外立面与结构框架有分有合，即活跃着立面的景观又暗示着建筑的可接近性及开放功能，所有这些都会在室内的空间序列中展示出来。这个学校的“社会中心”在首层的内部广场上，在此，空间的不同界面由一系列的坐台、巨大的游戏场地，以及由木和钢做成的坡道和楼梯进行组织。在拉劳那学校，米拉利斯非常强调穿越室内的公共路线，他认为任何人进入一个空间都应被示以明确的方向感，而楼梯、坡道和地板就是塑造这些方向感的组成元素。更进一步而言，充满活力的形式语言和空间会自然引发人体内的运动神经。米拉利斯在该建筑中想要表达的另一个主题就是作为街道的建筑，他在首层精心布置了真正的街道灯光以及其他街道景观小品。教室区的走廊非常宽大，没有任何传统走廊的概念，而是用作学生们多功能活动的场所。只有外立面及部分室内空间所使用的未加粉饰的混凝土表面令人看到传统的现代主义风貌。

英古拉达墓园是米拉利斯的成名作，在此项目中，建筑

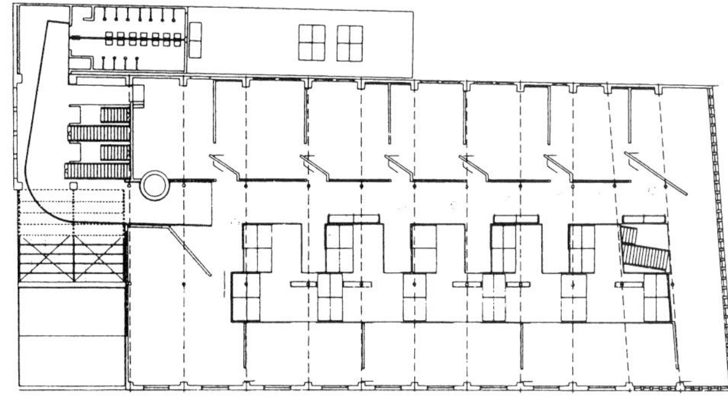

二层平面

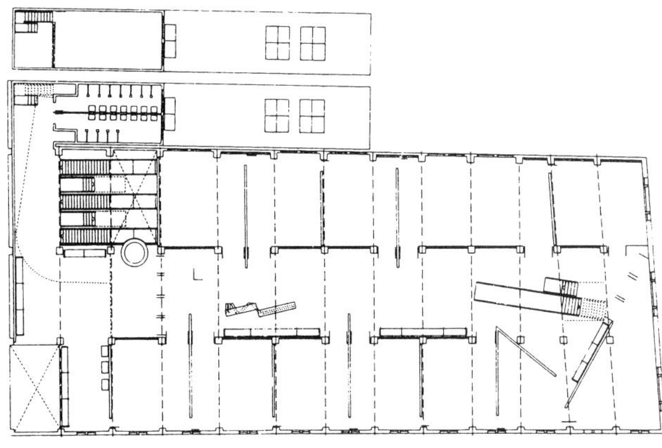

一层平面

拉劳那学校 1984—1986 年，平面图

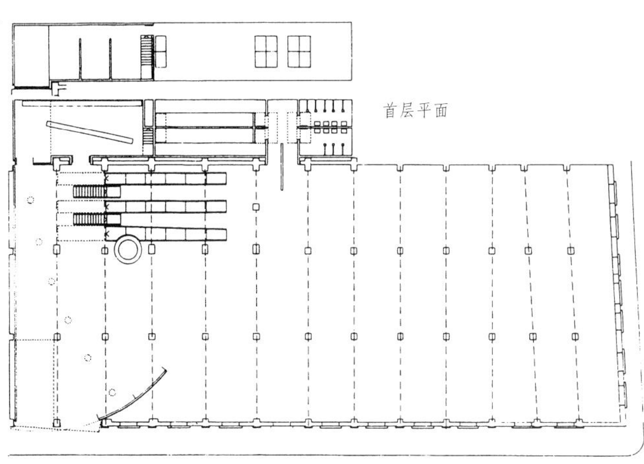

首层平面

作为街道的观念被发挥得淋漓尽致，该项目实际上至今尚未完工，但其成功的魅力却在很大程度上体现在这种“不完整”当中。“作为街道的建筑”在此又同时蕴含有几个相似的观念：一方面是通往墓地的行进通道，另一方面则是通向教堂和天空的途径；两者的并行及内在关联形成英古拉达墓园最重要的景观。

在英古拉达墓园的设计中，最重要的成分是景观而非任何建筑物，在此米拉利斯通过使用带角度的线和沟渠来限定成改善已有的地形序列。而且，因为该墓地的建造非常缓慢，人们可以很清晰地看到米拉利斯图纸上的线条是如何被变成混凝土构件的，这些构件所组合而成的景观如同一曲文化乐章，并在很大程度上弹奏着一种内在的谐音，建筑的成分在整个氛围中保持着一种沉静和停滞。空间的伸展和收缩，加上光和阴影，最终提高了人们行进在墓园中的体验和感悟能力。材料的使用都经过精心的计算以提供空间的转换能力，方式则多种多样，如光影打在材料表面形成的纹理，玻璃屏风半透明的折射，以及墙面上突入的洞口，都暗示着不同空间的转换。墓园中的锯齿状路径也许可以被看作整个景观设计中一个费尽心机的亮点，但实际上，它们主要是为了迎合驾车者前来办事的行进方式，米拉利斯再次用材料的处理来表示一种暗示：通道上的混凝土表面处理要比墙面上的粗糙一些。

米拉利斯的超乎寻常的精湛绘画技艺是举世公认的，以至于有些人以为他的许多竞赛方案是靠迷人的图面取胜，当然，这未免太轻看了评委。实际上，完全有必要去强调米拉利斯绘图中的物理特性，特别是他的几乎所有方案图都时常被当作真实的作品来讨论。米拉利斯的方案图不仅是潜藏着无数奇思妙想的精神地图，而且也是建筑活动的指导乐谱，他的方案图中不仅明显表现出材料和结构，而且也全面表现

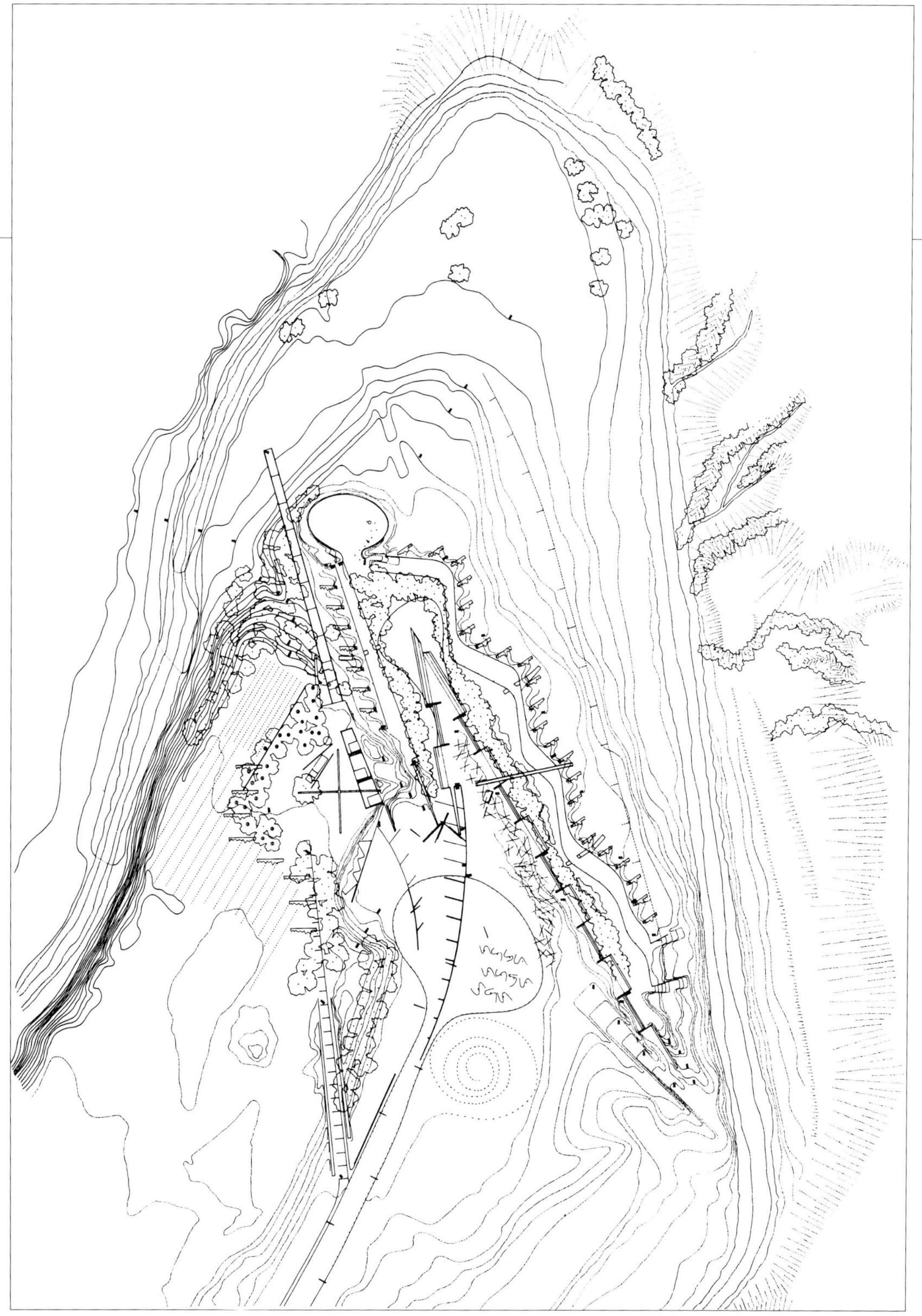

拉达墓园1985—
年，总平面图

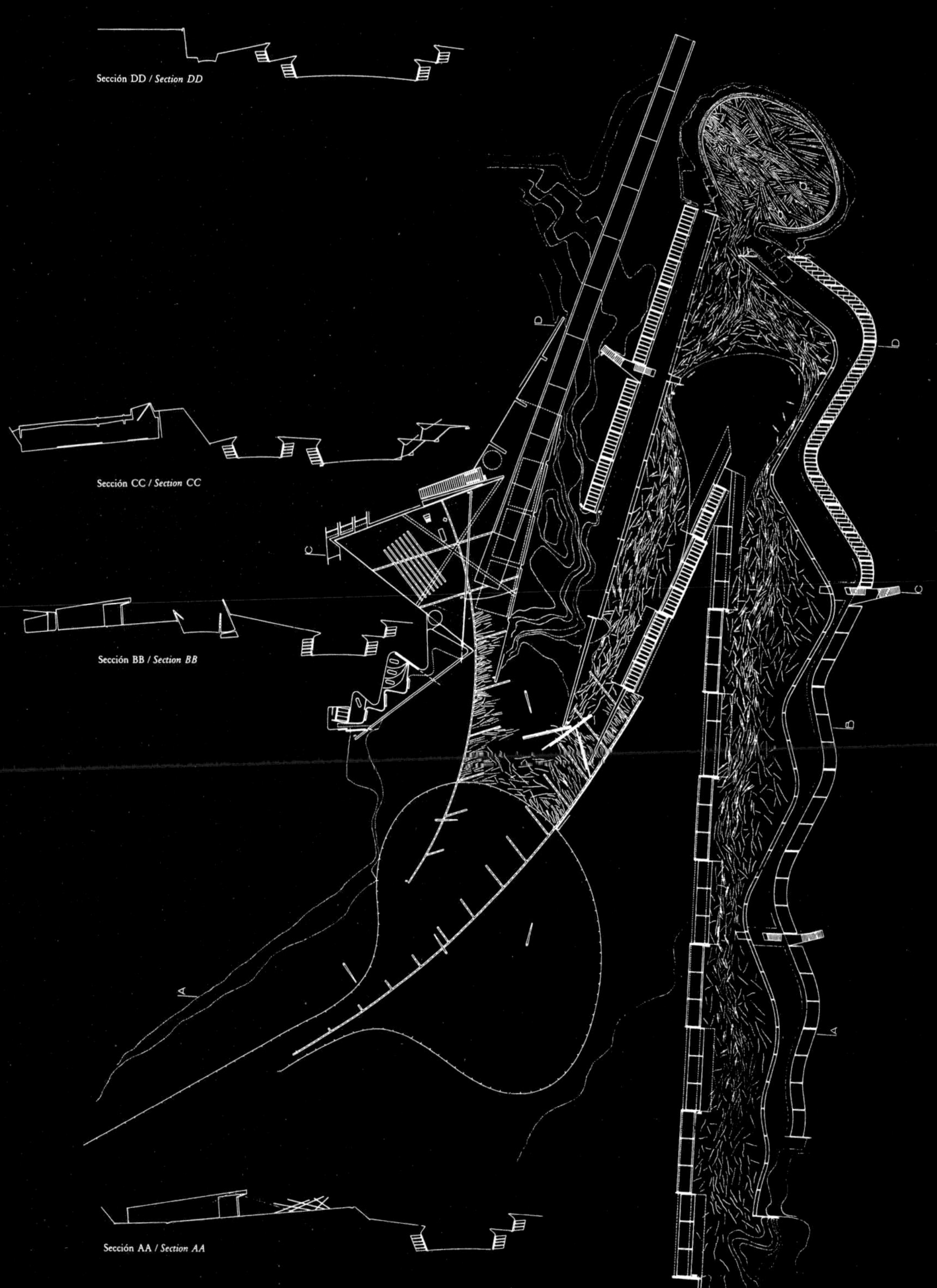

英古拉达墓园，墓区平面图及剖面图

英古拉达墓园，小教堂平面及剖面图

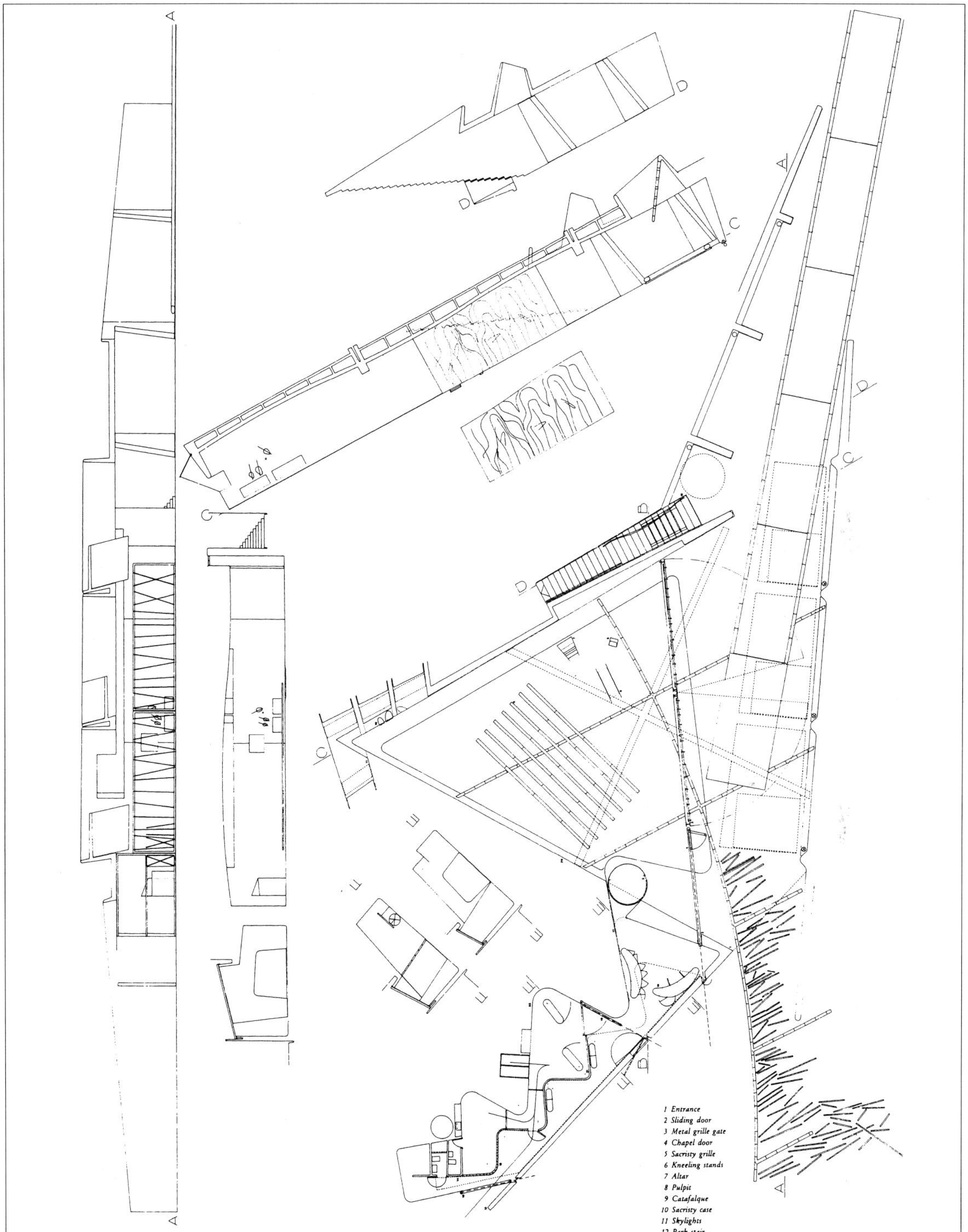

1 Entrance
2 Sliding door
3 Metal grille gate
4 Chapel door
5 Sacristy grille
6 Kneeling stands
7 Altar
8 Pulpit
9 Catafalque
10 Sacristy case
11 Skylights
12 Park stair
13 Sacristy entrance
14 Bathrooms
15 Reception
16 Waiting
17 Sacristy
18 Sliding doors
19 Closets
20 Holy water
21 Glass block wall
22 Mortuary
23 Autopsy lab
24 Refrigerated room

Capilla. Planta y secciones

Chapel. Plan and sections

出光影、空间、景观和细节。这些绘图本身就是精美的艺术品，如同史蒂文·霍尔和扎哈·哈迪德的绘图一样，其自身存在的魅力和内在品质是无庸置疑的，但同时它们又是设计过程的关键，并主导着合作人之间的技术对话和思想交流。如果要追寻这种绘图技巧的源泉，首先是其个人的艺术气质使然，同时又受到多方面的感悟，如他使用最频繁的交叠线和品类多变的环形很可能受到柯布西耶和保罗·克利（Paul Klee）的影响，也许还与米罗有关。当然，米拉利斯的某些绘图技艺应与威帕拉纳有关，但另一位巴塞罗那的著名建筑师约瑟夫·尤约尔（Josef M. Jujol）的绘图手法肯定也对米拉利斯产生过相当的影响。米拉利斯始终追求的最少的方式获得最大的成果，因此他的绘图始终是多方向交织并重叠的，有些人曾怀疑这些漂亮的图画最终能否被转化为建筑，而随着米拉利斯许多作品的建成，没有人再怀疑这些纸上的密集线条被有效地转化成为具有强有力的造型和空间的现代建筑。

米拉利斯的建筑语言根植于一种对结构的特殊态度，即任何构想都必须以材料为出发点，结果人们看到了是实在的空间，其中飞翔的体量和浮动的楼板实际上都依托在钢筋混凝土的悬挑梁上，而大跨结构则由一系列精心计算过的钢材进行辅助。但米拉利斯的建筑又与“高技派”不同，事实上，他甚至时常表现出回归古典的倾向，至少时常用粗犷的表面处理自娱。

霍斯塔利特文化中心是米拉利斯另一件重要作品，在

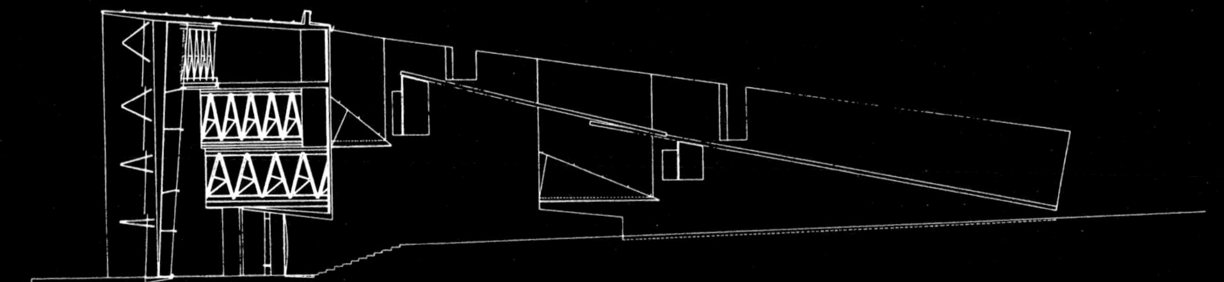

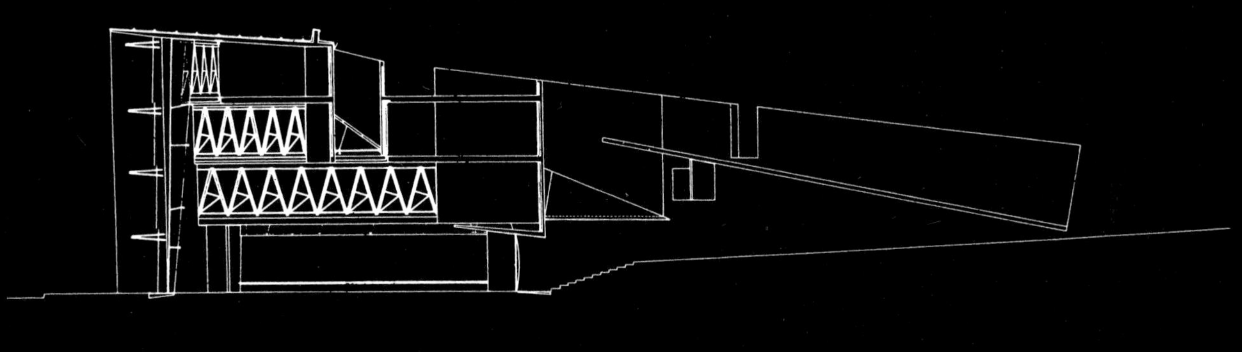

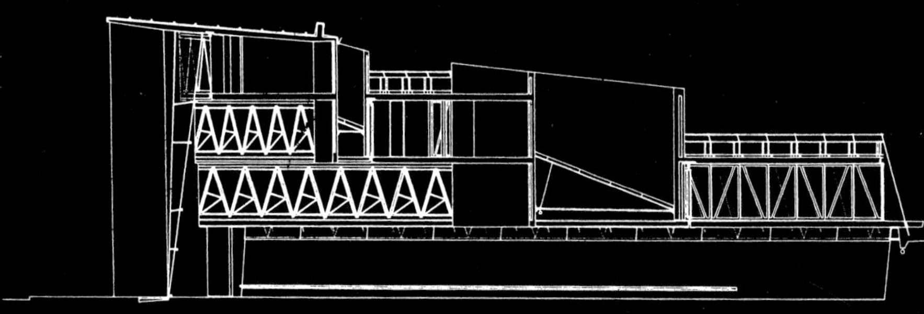

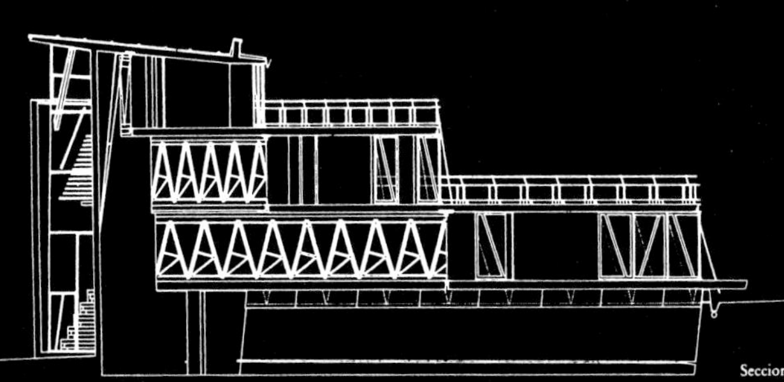

Secciones longitudinales / *Longitudinal sections*

霍斯塔利塔文化中心，1986—1992年，剖面图

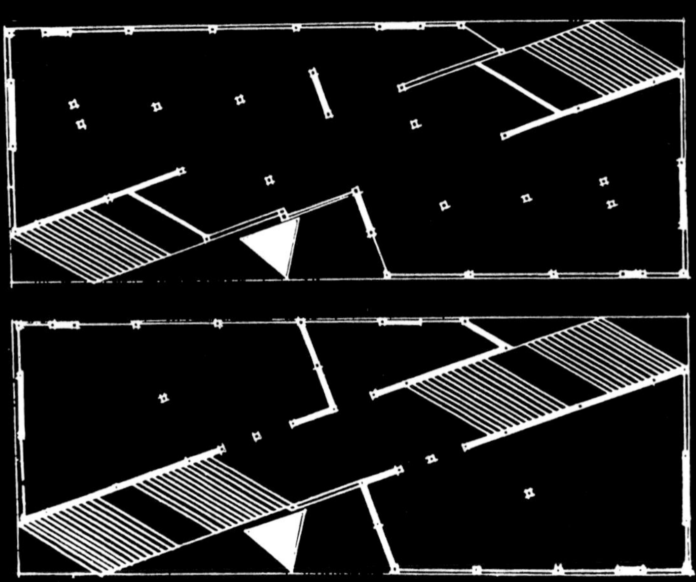

康斯坦丁· 梅尔尼科夫 1925 年设计的巴黎博览会苏联馆，平面图

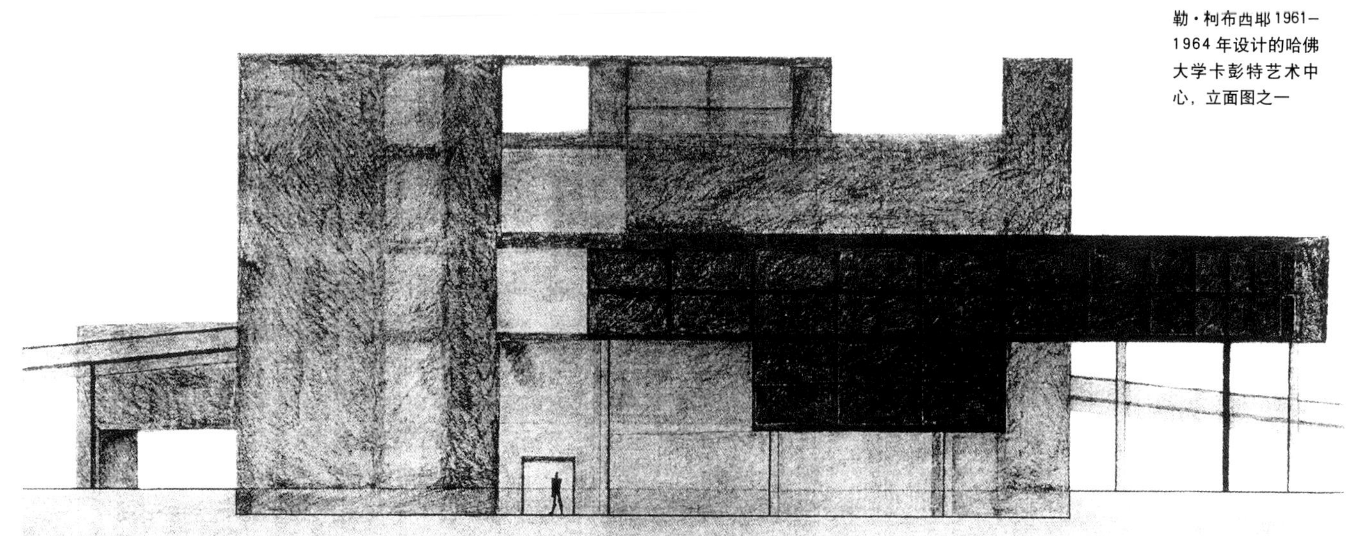

La façade sud

勒·柯布西耶 1961—1964 年设计的哈佛大学卡彭特艺术中心，立面图之一

此，建筑师希望通过再次的结构的处理来取得室内外空间之间的一种可伸缩的张力，以及相应的对体量、表面、线条和轮廓的一种紧密的控制。其空间的丰富多变完全通过不同厚度和不同视觉密度的倾斜的混凝土隔板来实现。在该建筑中，实际的结构是由三根立柱和三组横梁来支撑的，但表面上看去其结构却是由浮动的墙体组成，而这些墙体与地面并无接触，其结果是一种奇妙的张力和模棱两可，在此，室内可看成室外，室外亦可能化为室内。同时，米拉利斯再次将光和阴影作为一种装置来完成作为一种景观的建筑，而形式本身则意味着物质上的运动。该建筑中的许多细节，如锯齿形的坡道，交融的空间界面等，都与康斯坦丁·梅尔尼科夫(Konstantin Melnikov) 1925年设计的巴黎博览会苏联馆和柯布西耶的哈佛大学卡彭特艺术中心有一定联系。

米拉利斯的建筑出现在一个特定的时间和地点：20世纪80年代的巴塞罗那。这就难免会有许多人关注米拉利斯的设计源泉是什么，尤其是与巴塞罗那的建筑大师高迪的关系如何。巴塞罗那是现代建筑的圣地之一，由于历史的、文化的、政治的、经济的以及地域上的因素，巴塞罗那近两百年来有一种宽松而又充满刺激力的艺术创作气氛，而这种气氛同时又很宽容，其结果是，巴塞罗那产生了高迪和尤约尔这样的建筑大师，同时又能容纳理查德·迈耶（Richard Meier）的博物馆，诺曼·福斯特的电视塔，莫耐尔的百货商场以及米拉利斯的许多建筑作品。一个有趣的例子是米拉利斯1992年为巴塞罗那奥运村设计的一组街道遮阳棚，当时是作为临时性雕塑来设计的，米拉利斯本人都认为奥运会之后就会被拆除，因为它相对于已有的城市景观而言实在是太特立独行了。然而巴塞罗那人接纳并喜欢这种特立独行，至今这组遮阳棚已被作为永久性建筑物保存下来。

米拉利斯认为高迪并未对他产生非常直接的影响，但高迪的建筑精神以及与之密切相关的巴塞罗那的文化氛围却培养了米拉利斯的求学意识。米拉利斯认为自己生活在一个信息时代，全球各地的建筑先驱和同道都有可能影响他。例如他明确认为自己在材料尤其是混凝土的使用方面受柯布西耶的影响较大；但在景观与建筑的关系方面则受到阿尔托的启发；在追求建筑的最初本能方面受路易斯·康的影响，而在创造结构的活力上则不能不提梅尔尼科夫。

在我们所处的信息时代，每个人实际上都暴露在各类信息面前，所受的影响往往是潜意识的，有时只有在使用的时候才会表现出来。米拉利斯认为如果一位建筑师对某些思潮有兴趣，那么他并不一定就时刻意识到这种兴趣。米拉利斯在设计呼斯加体育馆以前，从未在设计中使用柱子，而是用墙体这种更传统一些的手法来划分空间。他在呼斯加体育馆第一次使用柱子，那时他才猛然感受到柯布西耶在自己对建筑的理解中是多么重要，于是这个项目促使米拉利斯认真研究柯布西耶及其作品，以及如何将其设计思想结合到自己的具体建筑实践中去。

呼斯加体育馆是米拉利斯最重要的作品之一，其重要性不仅表现在作品本身全面反映了建筑师的设计哲学，而且表现在建造的过程对建筑师是如何关键。

呼斯加体育馆位于城市与郊区的结合部位，米拉利斯以此来定义建筑的形式。因此他着重考虑建筑屋顶的构成方式，以便产生出来的屋顶与地面能有一个通畅的对话。但屋顶与基地又各自独立，基地在接近建筑的同时就自动产生自己应该采取的形式，这种形式又协助梳理人流，而建造过程则将这些形式再次协调。呼斯加体育馆及其基地规划在很大程度上被用作城市广场，如同古希腊的露天剧场。

米拉利斯在这座体育馆的设计中引入一系列的对称原则来界定他的“社会景观”。第一个对称是室内与室外的对称，用于划分更加内在的运动区域，沿着中央运动场地周边的看台为对称轴线，由此将主要功能区和辅助功能区划分开来；第二个对称是左右对称，体育场建筑物本身位于基地的一半位置，另一半则是辅助通道及休闲场地，其间以切割成形的通道分开，几条通道都从切割状墙体的根部向上缓缓延伸并升入地面，渐渐将建筑向城市引导；第三个对称则由前两个对称体与体育馆后面的虽说不高却陡然耸立的圣乔治山组成；第四个对称由前述三种对称关系与呼斯加这座城市组成，由此逐步形成米拉利斯所追求的一种“社会景观”。

与此同时，这些对称关系中的每一个构成元素都与建造过程发生交织关系，并在这种交织中各自调整，使建筑和基地始终都能处于一种平衡状态。在建造过程中，每一个构成元素都以一种积极主动的方式期待交流：树木、通道、墙体、大门、地形、房屋、剧场、体育馆、窗户、森林以及四周的乡村……米拉利斯在这个体育馆的设计中意欲将所有这些元素都结合起来，形成一个新的整体，从基础直到屋顶，如同织地毯一样通过划分不同的层面来限定功能空间，而屋顶的形式在米拉利斯看来更加重要，因为它是建构这一“社会景观”的关键元素。

为了给呼斯加体育馆这一社会景观创造一个轻松而舒展的形象，米拉利斯首先考虑在屋顶设计中采用拉索结构，以两根下沉的钢架支柱为视觉终端，将两组拉索引向圣乔治山脚下的两组混凝土基座，在这两组拉索之上，米拉利斯自如地将一组高低不等的屋顶横构架固定在拉索上，如此形成一个非常漂亮且能提供足够使用空间的屋顶构架，该体育馆所有的功能，包括部分室外运动场地，都被包容在这个拉索屋顶的阴影之下。米拉利斯的设计构思简洁而美观，还在图纸阶段就已赢得阵阵喝彩，结构计算亦经过比较全面的考虑，遗憾的是“比较全面”总是不够的，漏洞总会来自这种不完善。呼斯加体育馆建成并使用一年以后，在一次百年不遇的大风中，屋顶的几根拉索被拉断，造成屋顶部分倒塌，所幸事故发生在夜晚，当时体育馆空无一人。令许多人不可思议的是，米拉利斯对这一结果不仅不吃惊，而且很“高兴”，当然，这里所说的“高兴”是指对他的设计思想而言，因为他

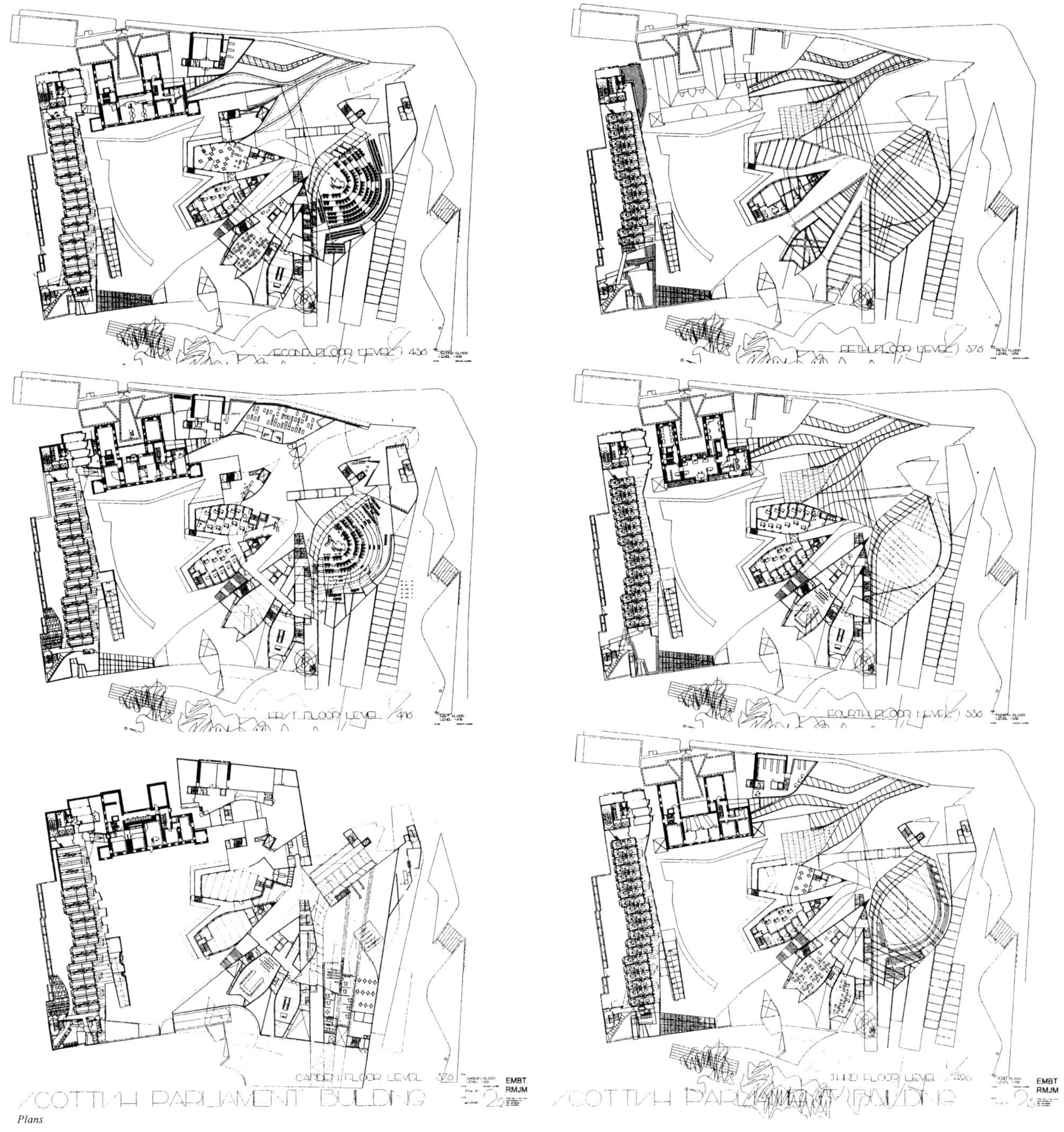

Plans

苏格兰议会大厦竞赛方案图（一等奖并实施），1998 年，爱丁堡

帕拉弗里斯公共图书馆，巴塞罗那，1998年，建造中

默立特公园设计竞赛方案（一等奖并实施），1999年，建造中，巴塞罗那

有足够的机会去反复观察事故现场，在总结教训的同时学习教训，并很快设计出新的屋顶方案，而且他的新屋顶方案以最少的改动原结构为出发点，但设计又是全新的结构。

米拉利斯始终认为，建造的过程是建筑师最大的兴趣所在，第一个屋顶的倒塌反而为他提供了足够的时间去再次体会建造的乐趣，更重要的是，通过观察废墟，仔细思考每个受破坏建筑构件的性能，对米拉利斯而言是一堂生动的课。在对倒塌废墟的观察和思考中，米拉利斯得以将新的屋顶构思考虑成熟。

新的屋顶结构的基本出发点是将拉索结构改为硬性的桁架结构，因为米拉利斯认识到，对多风地区的大跨结构而言，软性的拉索结构总是有潜在的隐患。新的桁架结构却并未将老的拉索结构全部抛开，而是尽最大可能重新利用起来。桁架的支撑中心移至室内看台后面，丝毫不影响以前的空间功能划分，而老屋顶的拉索被创造性地用作新桁架结构的下撑杆件，它们与新配备的上撑杆件结合在一起，形成几道屋顶桥梁，在此屋顶上，自由的开窗为室内空间带来充足的自然光。有趣的是，在新的屋顶建成后，两根本来就作为视觉中心的钢架支柱或拉索桅杆并未被移去，米拉利斯坚持将它保留在原地，理由是建造的过程是最美的东西。也许这位建筑师是想用这两根支柱告诫自己，也告诫其他建筑师。

除了屋顶的钢架结构之外，整个体育馆的主体结构都由混凝土构成，如前文所述，米拉利斯在该项目中第一次使用混凝土柱子，实际上，他在设计中将传统的屋顶、梁柱及墙体的概念做了一次重新思考，以完全的景观设计为出发点，将传统的墙、柱、屋顶的分界打破，由此创造出一种充满活力的钢筋混凝土结构、屋顶、梁柱和墙体的概念融合为一体，具体的使用完全视空间功能的需要而定，由此形成的空间不

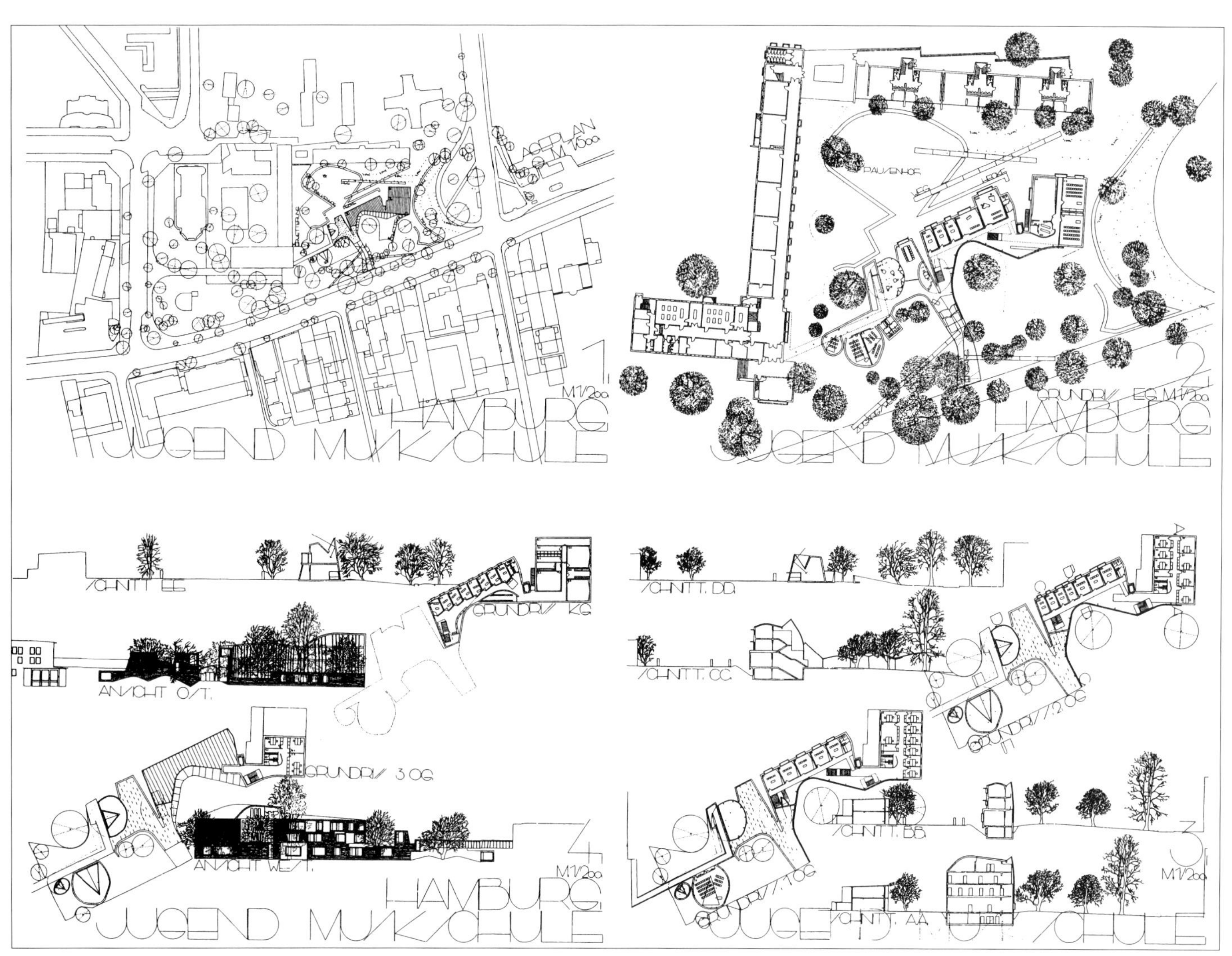

汉堡音乐学校设计竞赛方案（一等奖并实施），1997–2000 年，德国汉堡市

仅是活泼流动的，而且永不重复，仿佛运动员比赛时沸腾的血液一样。也许柯布西耶教会米拉利斯充分发挥混凝土的潜力，但米拉利斯却更进一步，意欲以环境景观的大构架和主导，将混凝土的表现力发挥到一种极致状态。

但米拉利斯又不希望混凝土表演的太过分，以免喧宾夺主，因为建筑师力图强调的仍是空间，一种社会景观的空间，因此米拉利斯的混凝土构件全部用于结构框架，并在室内、室外的界定中留出许多待界定的点、线、面构成元素，于是玻璃仍被用于界面，而金属构架则成为室内外主体结构之间进行沟通的纽带，同时，粗犷的混凝土表面与细腻的玻璃和精致的金属框架之间也形成一种鲜明的质感对比。

笔者仔细观察米拉利斯的几件作品，尤其是这座体育馆之后，切实意识到米拉利斯不仅仅是在设计一座建筑物，更确切地说，他是在演奏一曲建筑乐章，因为他实际上是在设计一个建造过程。对米拉利斯而言，建设工地的运作本身才是建筑，建筑物只是建筑的一种结果，而建筑艺术应该同时涵盖这两个方面。在这方面，赖特和阿尔托都已先行了一步，但米拉利斯却走得更远，以至于近乎完善。在米拉利斯眼中，接受一个工程项目的那个时刻就是建筑过程的开端，参观、讨论、绘图等等都并非是准备过程，而是建筑艺术的组成部分。钢琴家弹奏时会受到时间的限制，而建筑师的演奏则可以无限地进行下去，是一种生命的延续，因此，米拉利斯对建筑艺术进行演奏的含义是由两种物质构成的，即“生命”

和“建筑”。

在呼斯加体育馆建成之后，米拉利斯进入他的事业高峰期，到他去世前的几年之间，他所参加的数十个欧洲的国际建筑设计竞赛中，他获得了一大半一等奖，这给了他非常充裕的时间和空间去发展和完善自己的建筑哲学，可以说，米拉利斯的建筑观从一开始就是用一种全球的角度来理解建筑，他希望用建筑来改变世界。米拉利斯认为建筑中最吸引他的是关于“融合和演化发展”的过程，“我的任何设计都是从地面层的平面开始，从不事先考虑剖面和三维透视的结果。”对米拉利斯而言，三维透视的出现是建造过程中构思与材料交融的结果，他因此在探索材料的表现力的过程中发现了无穷的乐趣，而米拉利斯的探索又为这个世界带来一个又一个创造性设计，巴塞罗那的桑塔·卡特里纳市场改建，乌得勒支市政厅改建，威尼斯建筑学院，爱丁堡的苏格兰议会大厦，巴塞罗那的帕拉弗里斯公共图书馆，巴塞罗那中央公园，巴塞罗那的默立特公园，汉堡音乐学校以及英国兰卡郡的摩尔农庄等等，上述设计都是米拉利斯在国际竞赛中的中奖方案，都在建造过程中或已建成使用。米拉利斯的建筑作品，真正如他本人所希望的那样，永远都不会结束，但这决不意味着他的创作尚不完善，而是恰恰相反。米拉利斯心中期望达到的是人类的大目标，他的作品为世界带来的是活泼和丰富，而这一点正是米拉利斯的建筑作品能列入经典的关键所在。

参考书目

1. 《Miralles/Pinos 1983-1990—Enric Miralles 1990-1994》. El Croquis 30+49-50. Madrid. el croquis editorial 1994.
2. 《Enric Miralles 1995》. El Croquis 72. Madrid. el croquis editorial 1995.
3. 《Enric Miralles—Benedetta Tagliabue 1996-2000》. El Croquis 100-101. Madrid. el croquis editorial 2000.
4. 《GA DOCUMENT》 No.60 A. D. A. EDITA. Tokyo. 1999.
5. 《GA HOUSES》 No. 61. A. D. A. EDITA Tokyo 1999.
6. 《Architecture and Urbanism》 1998. 08. No. 335 A+U Publishing Co. ltd. Tokyo. 1998.
7. 《Birkhäuser Architectural Guide: Spain 1920-1999》 Birkhäuser Verlag. Basel. Berlin. Boston 1998.
8. 《Le Corbusier: Complete Works 1957-1965》 Birkhäuser Publishers. Basel. Berlin. Borton. 1965.
9. 《100 Years Exhibition Pavilion》 By Moisés Puente. Editional Gustavo Gili, SA. Barcelona 2000.

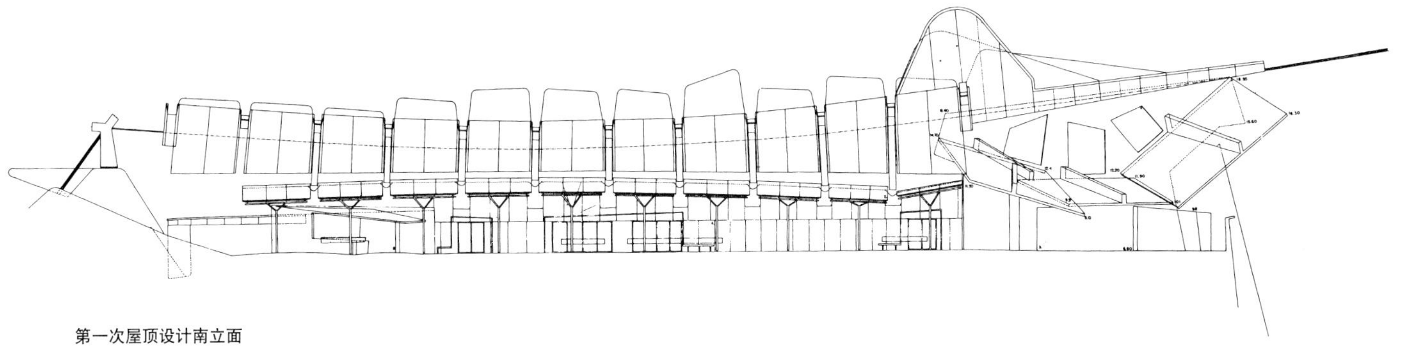
第一次屋顶设计南立面

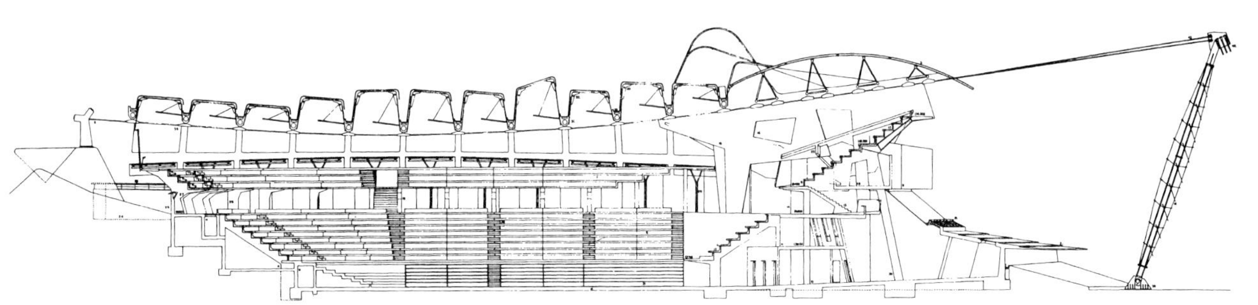
第一次屋顶设计纵剖面

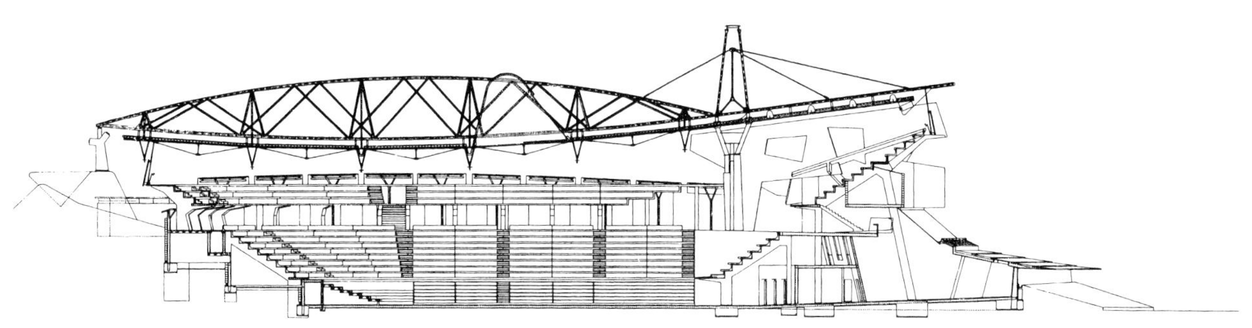
新设计（第二次设计）纵剖面

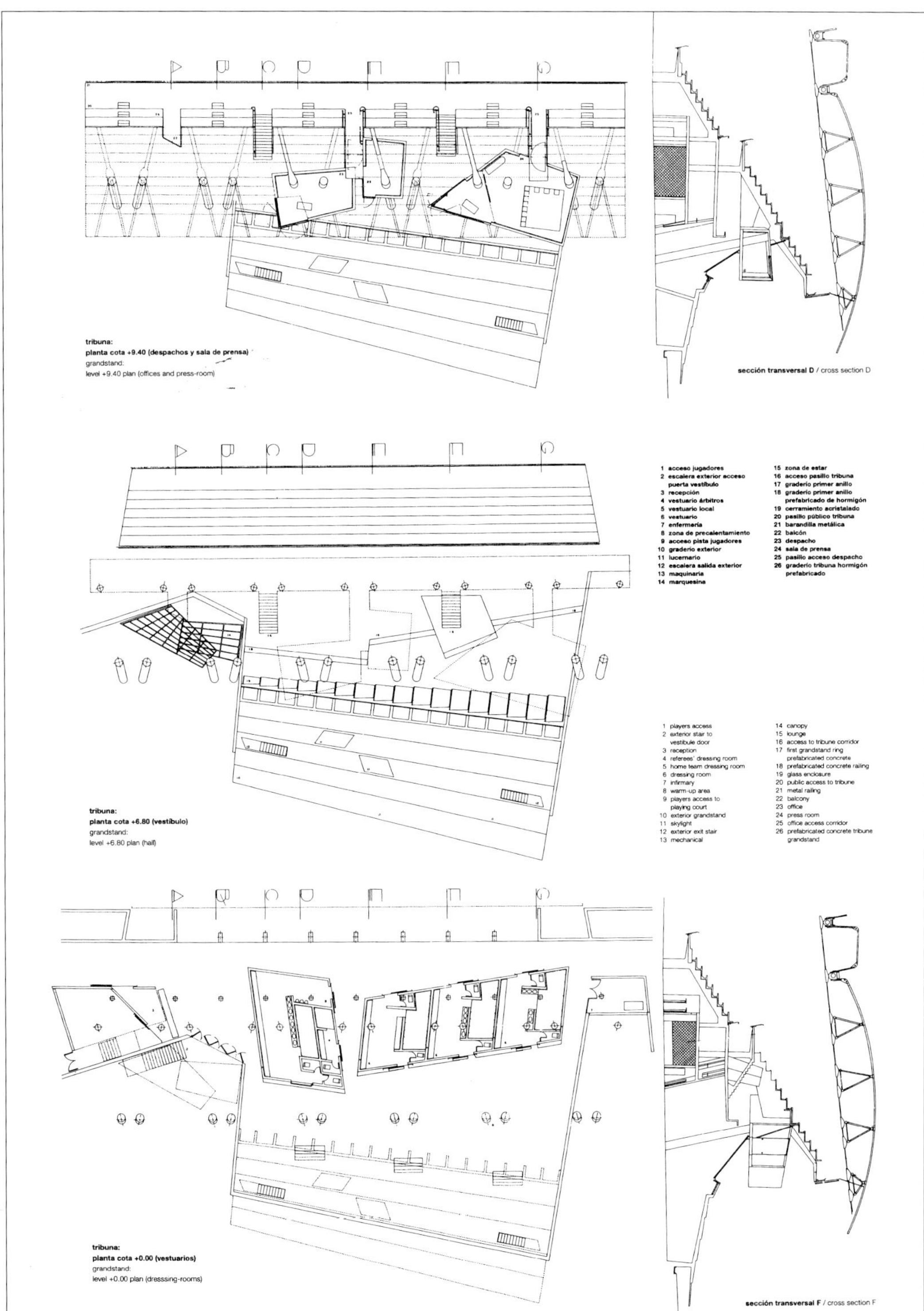

办公室及辅助空间，局部平面及剖面图

tribuna exterior
planta, sección y
East exterior
plan, section and
planta
plan
1 grada pistas exteriores
2 ventanas
3 pavés
4 canalón
5 vidrios inclinados
6 perfiles L
7 proyección sala prensa
9 vidrio superior
10 proyección despachos
11 barandilla vestíbulo
12 escalera emergencia
1 exterior playing court stands
2 windows
3 glass block
4 gutter
5 inclined glass
6 L-sections
8 press room projection
9 upper glass
10 projection of offices
11 vestibule railing
12 emergency stair
sección
section
1 cubierta
2 cerramiento grada tribuna
3 grada prefabricada de hormigón
4 pletina
5 vidrio superior
6 perfil IPN
7 vidrios inclin ados
8 canalón
9 pavés
10 grada pistas superiores
1 roof
2 tribune stands enclosure
3 prefabricated concrete stands
4 plate
5 upper glass
6 I-section
7 inclined glass
8 gutter
9 glass block
10 stand - upper playing courts
ᐱECCION E1/5o
A
DETALLE A
E1/5
B
DETALLE B E1/5
C
ᐱECCION
CERRAMIENTO
E1/2o
sección y detalles
1/20, 1/5
1 tubo soporte
2 pletina
3 chapa metálica
4 religa
5 foco
6 perfiles U
7 tubo estructural
8 pletina fijación
9 vidrio
10 pletina fijación
11 perfil T
12 pletina
13 pasamanos madera
14 grada prefabricada
15 pletina
16 pletina T
17 chapa doblada
18 perfil L
19 vidrio
20 perfil IPN
21 perfiles L
22 pavés
23 grada pistas exteriores
24 canalón
section and details
1/20, 1/5
1 supports tube
2 plate
3 metal sheeting
4 grill
5 spotlight
6 U-sections
7 structural tube
8 connection plate
9 glass
10 connection plate
11 angle
12 plate
13 wood handrail
14 prefabricated concrete
15 plate
16 T-plate
17 folded sheet metal
18 angle
19 glass
20 I-section
21 angles
22 glass block
23 outdoor playing courts
24 gutter
planta / plan
E 1/50
ᐱECCION/PLANTA C
E 1/2o

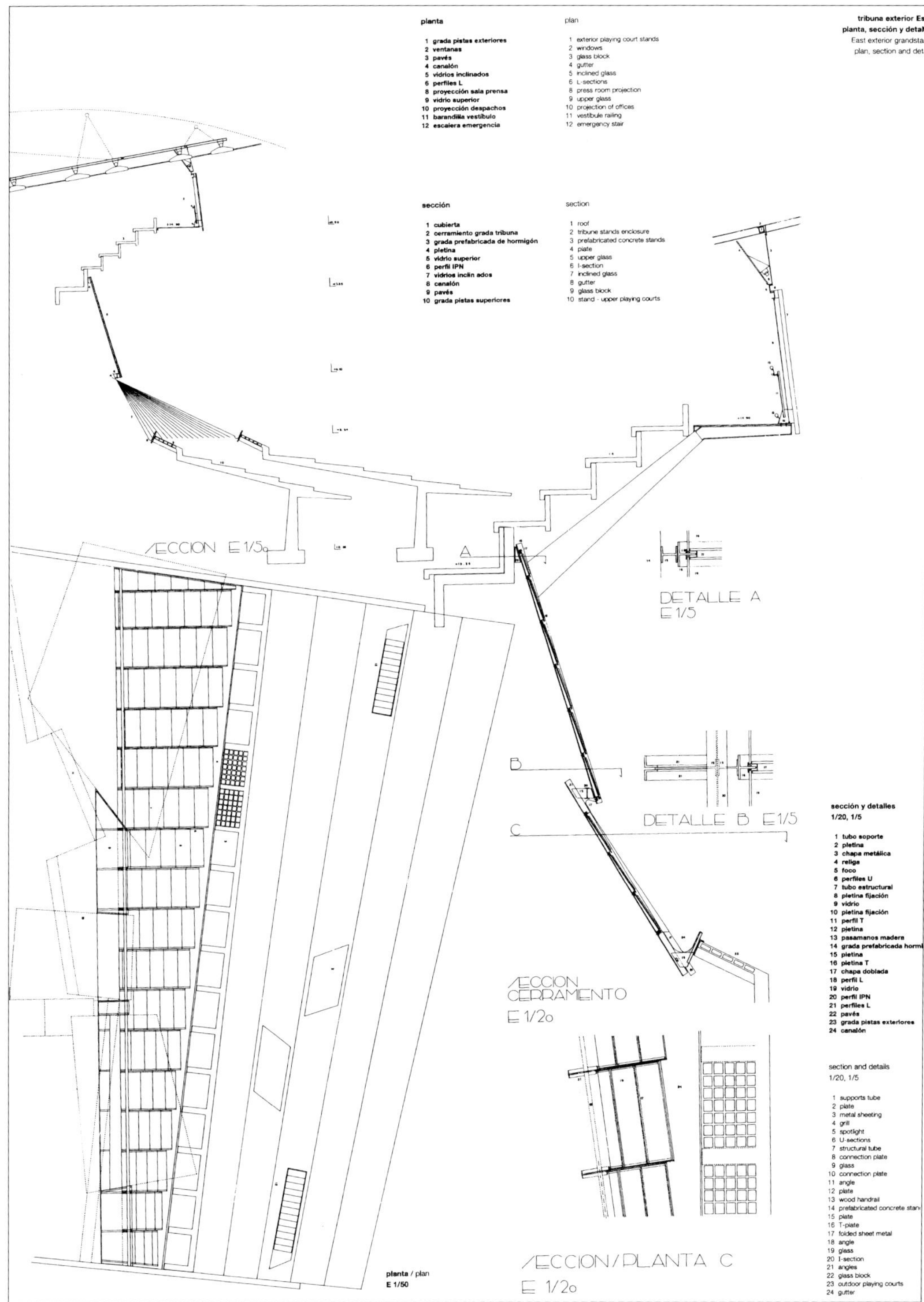

剖面图及节点大样

远景，体育馆建筑如同生长在大地上

由侧面平缓的坡道
远观体育馆

室外活动场一角

外景之一

外景之二

外景之三

外景之四

室外活动场入口之一

室外活动场入口之二

外观局部之一

外观远景

外观局部之二

第一次顶棚设计残存的桅杆支柱被用作室外活动场的雕塑

入口广场

体育馆正立面外观之一

正立面外观之二

正立面外观之三

正立面局部之一

正立面局部之二

侧面入口之一

侧面入口之二

正面入口通道一角

正面入口通道之二

侧面入口雨篷

侧面入口一角

侧面入口坡道

P 60 61

侧面入口通道局部

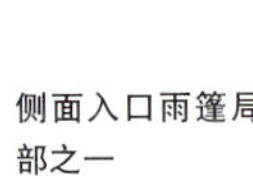

侧面入口雨篷局部之一

侧面入口雨篷局部之二

侧面入口雨篷局部之三

侧面入口雨篷局部之四

办公及后勤人员
入口通道

室外运动场通向
室内体育馆的阶
梯

屋顶构架局部

左　室外坡道扶手
右　室外辅助楼梯

体育馆内景之一
体育馆内景之二

内景之三

内景之四

内景之五

P 72 73

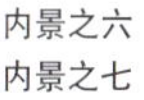

内景之六
内景之七

内景之九

上　内景之八
右中　天棚天窗之一
右下　天棚天窗之二

室内通道之一

室内通道之二

室内通道局部之一

室内通道局部之二

室内休息大厅之一

室内休息大厅之二

室内休息大厅之三

内休息大厅
四

办公区中庭之一

办公区中庭之二
办公区中庭之三

更衣区走廊之一